BEI GRIN MACHT SICH IHR
WISSEN BEZAHLT

- Wir veröffentlichen Ihre Hausarbeit,
  Bachelor- und Masterarbeit

- Ihr eigenes eBook und Buch -
  weltweit in allen wichtigen Shops

- Verdienen Sie an jedem Verkauf

Jetzt bei www.GRIN.com hochladen
und kostenlos publizieren

Hendrik Beyer

Drei Versuche zur Humanbiologie für den Unterricht

Thema: Menschliches Verhalten Sinneswahrnehmung, Lernen und Kognition

GRIN Verlag

Bibliografische Information der Deutschen Nationalbibliothek:

Die Deutsche Bibliothek verzeichnet diese Publikation in der Deutschen National-
bibliografie; detaillierte bibliografische Daten sind im Internet über http://dnb.d-
nb.de/ abrufbar.

Impressum:

Copyright © 2009 GRIN Verlag, Open Publishing GmbH
Druck und Bindung: Books on Demand GmbH, Norderstedt Germany
ISBN: 978-3-656-11324-9

Dieses Buch bei GRIN:

http://www.grin.com/de/e-book/187735/drei-versuche-zur-humanbiologie-fuer-den-
unterricht

GRIN - Your knowledge has value

Der GRIN Verlag publiziert seit 1998 wissenschaftliche Arbeiten von Studenten, Hochschullehrern und anderen Akademikern als eBook und gedrucktes Buch. Die Verlagswebsite www.grin.com ist die ideale Plattform zur Veröffentlichung von Hausarbeiten, Abschlussarbeiten, wissenschaftlichen Aufsätzen, Dissertationen und Fachbüchern.

Besuchen Sie uns im Internet:

http://www.grin.com/

http://www.facebook.com/grincom

http://www.twitter.com/grin_com

Hendrik Beyer

Drei Versuche zur Humanbiologie für den Unterricht

Thema: Menschliches Verhalten Sinneswahrnehmung, Lernen und Kognition

Inhaltsverzeichnis

1. Einführung

Diese Zusammenstellung enthält drei Versuchsprotokolle. Die Versuche eignen sich gut zur Durchführung im Biologieunterricht der Sekundarstufe I.

Es sollen dabei unter anderem folgende Fragestellungen geklärt werden:

Welche Sinne spielen bei der Geschmackswahrnehmung eine Rolle?
Was ist Lernen und wie funktioniert es?
Was sind kognitive Leistungen?

Der erste u. dritte Versuch beleuchten die kognitiven Fähigkeiten und das Lernverhalten des Menschen. Im zweiten Experiment geht es um das Zusammenwirken der menschlichen Sinne und deren Bedeutung aus evolutionärer und verhaltensbiologischer Sicht.

Dreh und Angelpunkt aller Versuche ist das zu beobachtende Verhalten. Mit diesem Aspekt befasst sich die sogenannte Verhaltensbiologie (Ethologie). Diese Teildisziplin der Biologie erforscht die beobachtbaren „Aktivitäten" von Mensch und Tier, fragt aber auch nach den Mechanismen, die dem Verhalten zu Grunde liegen (CAMPBELL & REECE 2003, 1340). Dazu zählen z.B. die Erinnerung und das Lernen, also nicht unmittelbar beobachtbare Prozesse.

Verhalten setzt sich aus zwei verschiedenen Anteilen wie folgt zusammen (BUSELMAIER 1995):

- ererbtes Verhalten
  Die Verhaltensweisen sind in der Erbinformation gespeichert und somit unabhängig von Erfahrungswerten; alle Individuen einer Art zeigen das gleiche Verhalten, trotz Unterschieden in ihrer internen u. externen Umwelt.

- erlerntes Verhalten
  Fähigkeit sein Verhalten aufgrund individueller Erfahrungen zu ändern. Lernen spielt jedoch auch bei angeborenen Verhaltensweisen eine Rolle, die oftmals durch Übung und somit Lernprozesse erst vervollkommnet werden.

Unter dem Begriff des Lernens versteht man eine relativ konsistente Änderung des Verhaltens oder Verhaltenspotentials auf der Grundlage von Erfahrung (ZIMBARDO & GERRIG, 2004).

In der klassischen Lerntheorie der Konditionierung[1] gibt es zwei Typen des Lernens (EIBL-EIBESFELDT 1984, 101):

- die Bildung bedingter Reaktionen (klassische Konditionierung) und

- das Lernen an Konsequenzen (operante Konditionierung)

Grundlage dessen sind die kognitiven Fähigkeiten. Als kognitive Fähigkeit bezeichnet man die Aufnahme von Reizen aus der Umwelt über sensorische Rezeptoren, deren Speicherung, Verarbeitung und der anschließender Nutzung dieser Informationen (vgl. CAMPBELL & REECE 2003, 1354).

Anhand der im Folgenden beschriebenen Versuche sollen die dargestellten Theorien in der Praxis überprüft bzw. nachvollzogen werden.

Zu jedem Versuch werden in der Einleitung zunächst das Versuchsziel und dessen allgemeine Bedeutung erläutert. Anschließend wird das benötigte Material aufgelistet, sowie die Durchführung dargelegt. Nach der Darstellung der erzielten Ergebnisse werden diese abschließend diskutiert.

2. Versuch 1: Wirkung von Neugier auf das Lernverhalten des Menschen

2.1 Einleitung

Im ersten Versuch soll die Wirkung von Neugier auf das Lernverhalten des Menschen untersucht werden. Es soll die Frage geklärt werden, ob und in welchem Maße die Art der Präsentation von Lerninhalten (hier: Variation der grafischen Darbietung) Auswirkungen auf den Lernerfolg hat.

Im Laufe der Evolution hat sich ein Verhaltenssystem herausgebildet, das Mensch und Tier veranlasst, sich neuen und unbekannten Reizen und Sachverhalten zuzuwenden. In der Motivationspsychologie wird dieses explorierende Verhaltenssystem als Neugiermotiv bezeichnet. Es soll sich um ein angeborenes Verhalten handeln und ist nach Jean Piaget die zentrale Erklärung für die geistige Entwicklung des Menschen schlechthin. Auch Verhaltensforscher Konrad Lorenz wies 1943 darauf hin, dass diese Eigenschaft maßgeblich mitbestimmend für die erfolgreiche Anpassung von Organismen auf sich verändernde und neue Umweltbedingungen ist (MACKOWIAK & TURDEWIND, o.J.).

---

[1] Beschreibt die Art und Weise, wie Ereignisse, Stimuli und Verhalten miteinander assoziiert werden.

Es kann daher die Hypothese aufgestellt werden, dass sich der Lernerfolg der Versuchsteilnehmer verbessert, wenn beim Lernen das Neugiermotiv angesprochen wird und es so zu einer intensiveren Beschäftigung mit dem Lerngegenstand kommt.

Eine weitere Hypothese lautet, dass sich die Versuchsteilnehmer wiederholt dargebotene Inhalte besser einprägen und eine letzte, dass die Erinnerungsleistung mit zunehmender Menge der zu memorierenden Informationen abnimmt.

Der Versuchsaufbau wird im Folgenden geschildert:

2.2 Material:

- 17 Versuchspersonen im Alter von ca. 20 bis 30 Jahren

- zwei Testbögen mit je 10 Bildern (siehe Rohdaten im Anhang)

- Stift und Zettel

- Stoppuhr

2.3 Durchführung:

Die zwei Testbögen enthielten jeweils zehn Bilder. Die Bilder unterschieden sich dadurch, dass jeweils fünf Gegenstände durch einfache Abbildungen dargestellt wurden; die anderen fünf Bilder stellten Karikaturen dar, in denen die Begriffe eingebettet waren.
Die Begriffe wurden zudem als Bildunterschrift unter jeder Abbildung genau benannt.

Jede Versuchsperson erhielt einen bebilderten Testbogen und hatte zwei Minuten Zeit, sich die zehn Begriffe auf dem Bogen einzuprägen. Anschließend bekam jede Person einen weiteren Testbogen mit anderen Bildern. Auch für diese Bilder hatten die Versuchspersonen nun zwei Minuten Zeit, sich die Begriffe zu merken.

Die Zeit wurde durch die Versuchsleitung (Dozentin) mittels einer Stoppuhr ermittelt und entsprechend an die Versuchsteilnehmer kommuniziert.

Nach Ablauf der Zeit wurde die Lehrveranstaltung normal weitergeführt. Während dieses Zeitraums durften die Personen weder die Bilder erneut anschauen, sich Notizen machen oder sich über diese austauschen. Nach Ablauf von 90 Minuten wurden die Teilnehmer gebeten, die erinnerten Begriffe auf einen Zettel niederzuschreiben. Dazu wurde eine Zeit von fünf Minuten gewährt.

2.4 Ergebnis

Nach Ablauf des Versuches wurden die Zettel der Teilnehmer ausgewertet. Die Tabellen 1 und 2 zeigen das Ergebnis der Auswertung. In der Spalte „Typ" der Tabellen 1 und 2 wird angeben, ob es sich bei der Darstellung um eine Karikatur (rot) oder um eine einfache Abbildung handelt. Die Spalte „Ergebnis absolut" der Tabellen zeigt, wie viele der 17 Versuchspersonen sich den jeweiligen Begriff gemerkt hatten. In der vierten Spalte ist die prozentuale Erinnerungsquote angegeben.

Tabelle 1: Begriffsspezifische Erinnerungsquote, Auswertung des 1. Zettels

Bild / Begriff	Typ	Ergebnis absolut	Ergebnis %
Stuhl	Abbildung	16 von 17	94,11
Auto	Karikatur	17 von 17	100,00
Glatze	Karikatur	15 von 17	88,23
Einkaufstasche	Abbildung	14 von 17	82,35
Fluss	Abbildung	16 von 17	94,11
Fallschirmspringer	Karikatur	17 von 17	100,00
Turm	Karikatur	15 von 17	88,23
Haus	Abbildung	17 von 17	100,00
Kugelschreiber	Abbildung	17 von 17	100,00
Huhn	Karikatur	14 von 17	82,35

Tabelle 2: Begriffsspezifische Erinnerungsquote, Auswertung des 2. Zettels

Bild / Begriff	Typ	Ergebnis absolut	Ergebnis %
Loch	Karikatur	15 von 17	88,23
Kugelschreiber	Abbildung	17 von 17	100,00
Tasse	Abbildung	14 von 17	82,35
Blume	Abbildung	16 von 17	94,11
Eisenbahn	Karikatur	9 von 17	52,94
Armbanduhr	Abbildung	15 von 17	88,23

Skifahrer	Karikatur	16 von 17	94,11
Messer	Karikatur	12 von 17	70,58
Glühbirne	Abbildung	12 von 17	70,58
Schwimmbecken	Karikatur	12 von 17	70,58

Nach Auswertung der Ergebnisse der Tabellen 1 und 2 kann zunächst festgestellt werden, dass die durchschnittlichen Erinnerungsquoten für die Abbildungen 92,93% (Zettel 1) bzw. 81,17% (Zettel 2) betragen. Dem gegenüber beträgt die durchschnittliche Erinnerungsquote für die Begriffe, die über Karikaturen dargestellt wurden, 91,76% (Zettel 1) bzw. 75,28% (Zettel 2).

Die durchschnittliche Erinnerungsquote der als reine Abbildungen dargestellten Begriffe beträgt 94,11% (Zettel 1) und 87,05% (Zettel 2).

Tabelle 3 visualisiert diese Ergebnisse zusammenfassend.

Tabelle 3: Durchschnittliche Erinnerungsquote in Abhängigkeit von der Art der Darbietung, sowie der Gesamtdurchschnitt je Zettel

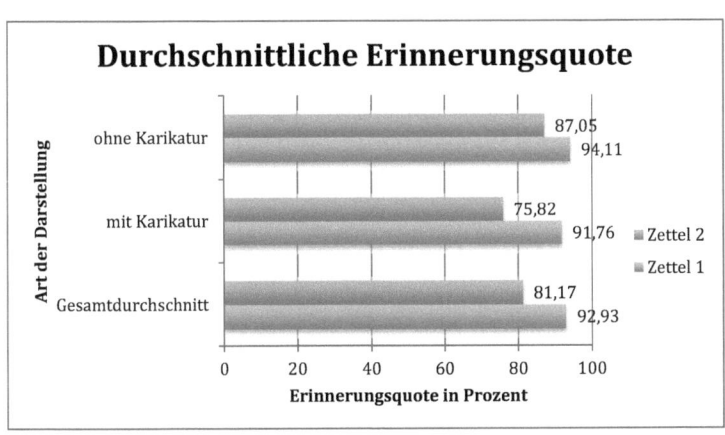

Die Tabelle 4 zeigt die personenspezifische Erinnerungsquote nach Ablauf von 90 Minuten.

Tabelle 4: Personenspezifische Erinnerungsquote nach 90 Minuten

Versuchsteilnehmer	Ergebnis absolut	Ergebnis in %
1	13 von 20	65,00
2	17 von 20	85,00
3	19 von 20	95,00
4	16 von 20	80,00
5	17 von 20	85,00
6	15 von 20	75,00
7	18 von 20	90,00
8	15 von 20	75,00
9	20 von 20	100,00
10	19 von 20	95,00
11	19 von 20	95,00
12	20 von 20	100,00
13	17 von 20	85,00
14	20 von 20	100,00
15	19 von 20	95,00
16	19 von 20	95,00
17	20 von 20	100,00

Bei diesem Versuchsteil ist zunächst festzustellen, dass die Erinnerungsquote der Teilnehmer erheblich streute.

2.5 Diskussion

Die erste aufgestellte These hat sich nicht bestätigt. Die Präsentation des Lernbegriffs verknüpft mit einer Karikatur hat nicht zu einem besseren Lernergebnis geführt.
Die Erinnerungsquote ist in beiden Durchläufen (Zettel 1 u. 2) niedriger als bei den Begriffen, die lediglich über eine reine Abbildung dargestellt wurden (siehe Tabelle 3).

Offenbar konnte das Neugiermotiv nicht in der erwarteten Form angesprochen werden, wodurch es nicht zu einer intensiveren Verarbeitung und auch nicht zu einem höheren Lernerfolg kam. Im Gegenteil: Die entsprechenden Begriffe wurden sogar deutlich schlechter erinnert. Besonders deutlich wird dies bei Zettel 2 (-11,23 % gegenüber den Begriffen ohne Karikatur).

Worin können Ursachen hierfür liegen?

Zur Erklärung kommen eine Vielzahl von Möglichkeiten in Betracht: Möglicherweise lenken die Karikaturen zu sehr vom eigentlichen Lernbegriff ab. Bei diesem Versuch muss das Lernen innerhalb einer festgelegten, engen Zeitspanne erfolgen. Gerade hierbei muss sich der Lernende auf das Wesentliche - den Begriff - konzentrieren und „überflüssiges" Beiwerk ausfiltern. Eine einfache, klare Darstellung ohne Zusatzinformationen entspricht diesem Zweck eher und führt vermutlich daher zu besseren Ergebnissen.

Um die Hypothese genauer zu prüfen, müsste der Versuchsaufbau entsprechend angepasst und wiederholt werden. Denkbar wäre die Gewährung von mehr Zeit. Ebenfalls wäre es möglich, einen Vergleich zwischen einer Illustration und reinen Textdarstellung anzustellen. Bilder sind generell recht einprägsam und somit wäre die Differenz in den dargebotenen Darstellungen deutlicher.

Es ist anzunehmen, dass bei einer Versuchsdurchführung ohne Zeitdruck und über einen größeren Zeitraum die Hypothese bestätigt worden wäre. Neugier stellt eine wichtige Lerndisposition dar, wie bereits einleitend dargestellt worden ist. Sie leistet einen wichtigen Beitrag zur sog. intrinsischen Motivation. Gestützt wird dieser Ansatz auch durch die Theorie der Verarbeitungstiefe. Diese besagt, dass Informationen desto wahrscheinlicher im Gedächtnis gehalten werden können, je tiefer sie verarbeitet werden (CAMPBELL & REECE 2003, 317).

Vielleicht besaßen die Karikaturen aber auch einfach einen zu geringen Aufforderungscharakter und boten den Versuchspersonen somit nicht genug Anlass, sich intensiver mit ihnen auseinander zu setzen. Abbildungen mit stärkerem Bezug zum Lebensalltag der Teilnehmer (hier zu studentischen Themen, z.B. dem Bildungsstreik), hätten vielleicht zu einer tieferen Verarbeitung und somit besseren Erinnerungsleistung geführt.

Zur zweiten aufgestellten These, dass Wiederholungen das Lernvermögen verbessern, lassen sich nur begrenzt Aussagen treffen, da nur ein einziger Begriff doppelt vorkam. Der Begriff Kugelschreiber wurde zwar von allen Teilnehmern richtig erinnert, dies gilt aber auch für andere, nur einmal vorkommende, Begriffe (siehe Tabelle 4). Um diese These genauer zu untersuchen wäre ein Versuchssetting mit mehreren Duplikaten sinnvoller.

Eine Bestätigung dieser These erscheint jedoch wahrscheinlich.
Das Wiederholen von Informationen führt zu einer besseren Abspeicherung im Gedächtnis. Dies gilt sowohl für das Kurzzeitgedächtnis (man spricht hier vom sog. „Rehearsal"), als auch für das Langzeitgedächtnis (z.B. durch elaborierendes Wiederholen).

Beim letzteren Verfahren werden Lerninhalte miteinander verknüpft und in Kontexte eingebettet (vgl. CAMPBELL & REECE 2003, 292 ff). Also ganz ähnlich wie in unserem Versuch. Lebensnahe Karikaturen in Verbindung mit Wiederholung müssten demnach zum besten Lernergebnis führen.

These drei hat sich hingegen eindeutig bestätigt (siehe Tabelle 3). Die Begriffe des 1. Zettels können sich die Probanden besser merken als die Begriffe vom 2. Zettel. Dies liegt vermutlich an der begrenzten Lernkapazität der Teilnehmer und zum anderen am mit der Zeit nachlassenden Konzentrationsvermögen.

Tabelle 4 zeigt abschließend auch den individuellen Charakter des Lernens auf. Die Lernleistung ist auch immer durch individuelle Faktoren (Gesundheitszustand, Aufmerksamkeit, etc.) mitbestimmt.

3. Versuch 2: Zusammenwirken verschiedener Sinne

Versuchsdurchführende: Hendrik Beyer und Kommilitonin

3.1 Einleitung

Im zweiten Versuch geht es um die Wirkung des Seh- und Geruchssinns auf das Geschmacksempfinden. Es stellt sich die Frage, welcher der Sinne eine wesentliche Rolle dabei spielt und wie wichtig der Geschmackssinn aus evolutionärer Sicht für den Menschen ist.

Das Thema der Sinneswahrnehmung ist ein wichtiger Aspekt bei der Betrachtung der kognitiven Fähigkeiten des Menschen, da diese auf der Aufnahme und Verarbeitung von Umweltreizen beruhen.

Reize werden dabei über sog. sensorische Rezeptoren detektiert, vom Gehirn analysiert und führen dann zu einer Reaktion / Verhalten. Dieser Vorgang verläuft jedoch nicht linear. Individuen sind vielmehr in ständiger Bewegung und verhalten sich explorativ in ihrer Umwelt (siehe Versuch 1) und nehmen Veränderungen über ihre Sensorik wahr. Diese Information wird genutzt, um das jeweils darauf folgende Verhalten zu generieren. Die ständig ablaufende Hintergrundaktivität des Gehirns wird durch neue Wahrnehmungen stetig aktualisiert und auf den neuesten Stand gebracht (CAMPBELL & REECE 2003, 1264).

Im folgenden Versuch bekommt jede Zweiergruppe sechs verschiedene Nahrungsmittelproben. Die jeweilige Versuchsperson soll mit zugehaltenen Augen und zugehaltener Nase, also unter Ausschluss des Seh- und Riechsinns, diese Nahrungsproben bestimmen. Mit diesem Versuch soll die These, dass das Geschmacksempfinden ohne den Riechsinn nur relativ schwach ausgebildet ist, überprüft werden.

Abbildung 1: Lebensmittelproben in Bechern. Aufgenommen am 16.11.2009 m. Nokia N85 Digitalkamera.

3.2 Materialien

- 17 Versuchspersonen im Alter von ca. 20 bis 30 Jahren in 2er Gruppen

- 6 kleine Becher mit 6 verschiedenen, teils pürierten Geschmacksproben (Banane, Gurke, Apfel, Schokopudding, Vanillepudding, Kohlrabi)

- ca. 20 kleine Plastiklöffel

- eine Augenbinde je Gruppe

- Zettel und Stift je Gruppe

3.3 Durchführung

In jeder Zweiergruppe wurde eine Versuchsperson bestimmt. Dieser wurden die Augen mit Hilfe einer Augenbinde verbunden. Außerdem wurde die Person aufgefordert, sich mit der Hand die Nase zuzuhalten. Nun bekam die Versuchsperson sechs verschiedene Lebensmittel in teils püriertem Zustand nacheinander angereicht. Dazu wurde vom Versuchspartner eine kleine Menge mit dem Plastiklöffel aufgenommen. Für jede Probe wurde ein neuer, unbenutzter Löffel verwendet. Die Versuchsperson sollte nach jeder Probe den Geschmack und die Konsistenz benennen. Die Aussagen wurden notiert. So wurde bei jeder der sechs Lebensmittelproben verfahren.

3.4 Ergebnis

In der Tabelle 5 sind die Versuchsergebnisse wiedergegeben. Die Angaben zu Geschmack und Konsistenz entsprechen den Formulierungen der Versuchsperson.
Die Trefferquote gibt an, wie viele Versuchspersonen der acht Gruppen die Probe korrekt identifiziert haben.

Tabelle 5: Auswertung des Geschmackstestes

Lebens-mittel	Geschmacks- u. Konsistenzbe-schreibung (ohne Seh- und Ge-ruchssinn)	Erkennung in der Versuchs-gruppe	Trefferquote der Versuchsteil-nehmer
1)Schoko-pudding	cremig, geleeartig, süß, milchig, bitter, schokoladig	ja	7 von 8
2)Apfel	sauer, fruchtig, körnig, frisch, süß	ja	6 von 8
3)Banane	süß, fruchtig, weich, glitschig, milchig, quarkig, cremig, neutral	ja	8 von 8
4)Gurke	wässrig, neutral, stückig, salzig	ja	5 von 8
5)Kohlrabi	faserig, herb, deftig, fest, kohlig	ja	4 von 8
6)Vanille-pudding	cremig, flüssig, milchig, süß	ja	5 von 8

Die höchsten Trefferquoten wurden bei der Verkostung des Schokoladenpuddings und der Banane erzielt. Die Trefferquote beim Kohlrabi war in diesem Versuch die geringste, denn nur 4 von 8 Personen konnten die Geschmacksprobe als Kohlrabi identifizieren.

Insgesamt wurden die 5,83 von 8 Proben erkannt. Die Erkennungsrate lag demnach bei 72,91 %.

3.5 Diskussion

Die aufgestellte These hat sich bestätigt. Die Versuchspersonen haben nur 72,91 Prozent der Proben korrekt erkannt. Dabei unterstelle ich jedoch, dass die Probanden unter Einbeziehung ihres Geruchssinnes alle Proben korrekt hätten benennen können. Um die Hypothese abschließend zu bestätigen, wäre also ein zweiter Durchlauf unter Einbeziehung des Geruchssinnes zwingend notwendig.

Bei der Betrachtung der Ergebnisse fällt außerdem auf, dass die Erkennungsrate relativ hoch ausfällt. Ich gehe davon aus, dass viele Probanden beim Ansagen ihrer Empfindungen ihren Mund u. Rachenraum durchlüfteten und somit indirekt auch den Geruchssinn ansprachen. Es wäre hier sinnvoller, die Ergebnisse notieren zu lassen und ggf. zusätzlich eine Nasenklemme zu verwenden. Ebenfalls sinnvoll erscheint mir ein Spülen den Mundraums nach jeder Probe, um etwaige Rückstände wegzuspülen und den Geschmack zu neutralisieren. Dazu eignet sich z.B. Wasser.

Es stellt sich bei Betrachtung des Ergebnisses natürlich die Frage, wodurch begründet ist, dass die Geschmacksbildung nicht alleine auf der Zunge stattfindet und der Geruchssinn so stark beteiligt ist. Die Chemorezeptoren des Geschmacksinns werden durch gelöste Substanzen in der Mundhöhle erregt und bilden ein Kontrollsystem für Nahrungsbestandteile. Der Geruchssinn ist das Kontrollsystem für eingeatmete Substanzen, also flüchtiger Stoffe. Beide Systeme arbeiten eng zusammen. Geschmacksrezeptoren sind modifizierte Epithelzellen, die – zu Geschmacksknospen assoziiert- in bestimmten Bereichen der Zunge und des Mundraums liegen. Sie finden sich auf der Zungenoberfläche oder in den von der Zunge hochstehenden Papillen (CAMPBELL & REECE 2003, 1282 ff). Es werden fünf prinzipielle Geschmackskategorien unterschieden, die jeweils nur in bestimmten Bereichen der Zunge wahrgenommen werden (siehe Abb. 2).

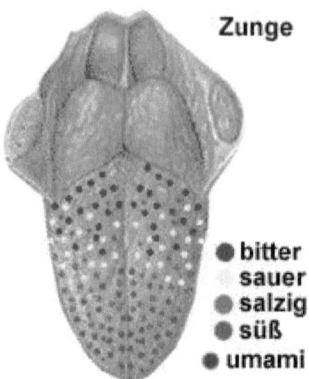

Zunge

● bitter
  sauer
● salzig
● süß
● umami

*Abbildung 2: Darstellung der menschlichen Zunge mit Anordnung der Geschmacksre-
zeptoren. Quelle: Zentrale für Unterrichtsmedien im Internet e.V.*

Die Verteilung der Geschmacksregionen innerhalb der Mundhöhle ist nicht zufallsbe-
dingt. So lösen Bitterstoffe, sobald sie von den Geschmacksknospen auf der hinteren
Zungenregion wahrgenommen werden, einen Würgereiz bzw. Ekel aus, der die weitere
Nahrungsaufnahme verhindert. Aus evolutionärer Sicht hat sich dies als ein Selektions-
vorteil erwiesen, da giftige Pflanzenbestandteile oftmals Bitterstoffe u. Alkaloide enthalten und so ein Schaden durch Verschlucken vermieden wird.

In der Geschichte des Menschen war, wie bei jedem höher entwickelten Lebewesen, die
Nahrungsaufnahme von zentraler Bedeutung. Die Genießbarkeit von Nahrung musste in
vielen Fällen zunächst mit Hilfe des Geruchssinns festgestellt oder überprüft werden.
Aus diesen Notwendigkeiten heraus haben sich in der Evolution der Geschmackssinn
und der Geruchssinn entsprechend ausgebildet.

Wie bereits erwähnt, kann der Mensch fünf Geschmackskategorien wahrnehmen. Der
Versucht hat jedoch eindrucksvoll gezeigt, dass die Probanden bei der Geschmacksbe-
schreibung auch Bezeichnungen wie „fruchtig" für die Apfelprobe verwendet haben.
Ein vermeintlicher Geschmack, den die Chemorezeptoren der Zunge in dieser Form jedoch nicht erkennen können. Die Erklärung liefert das enge Zusammenspiel von Ge-
schmacks- und Geruchssinn:

Der Geruchssinn (olfaktorischer Sinn) nimmt über Riechsinnzellen in der Schleimhaut
der oberen Nasenhöhle tausende verschiedene Gerüche wahr. Vieles, was wir als

Schmecken bezeichnen, ist tatsächlich Riechen (CAMPBELL & REECE 2003). Beim Kauen wird die Nahrung durchmischt und so gleichzeitig der Geruchs- und Geschmacksinn angesprochen.

Das Geschmacksempfinden ist darüber hinaus auch vom Lebensalter und der genetischen Disposition des Menschen abhängig. So haben Untersuchungen gezeigt, dass Menschen mit einer unterschiedlichen Zahl an Geschmackssinnzellen ausgestattet sein können. Sogenannte „Superschmecker" besitzen statistisch gesehen das bis 2,4 fache an Geschmackssinnzellen und nehmen Geschmacksreize, insbesondere Bitter, daher stärker wahr als „Normalschmecker" (SCHREITER, 2008).

Ob und wie jemand einen Geschmack wahrnimmt, hängt also auch immer vom jeweiligen Individuum selbst ab. Dieser Aspekt muss bei der Betrachtung unserer Versuchsergebnisse entsprechend berücksichtigt werden. Es ist also durchaus denkbar, dass einige Versuchspersonen grundsätzlich schlechter oder auch besser schmecken können. Unabhängig von der Ausschaltung des Geruchssinnes.

Abschließend noch ein Hinweis zu den beiden Pudding Proben: Vermutlich handelt es sich dabei um industriell hergestellte Produkte. Diese enthalten neben Zucker und Süßstoffen, oftmals auch eine Vielzahl von Aromen. Diese können die Erkennung erschweren bzw. verfälschen. Zudem spielt auch beim Schmecken / Riechen der Lerneffekt eine wichtige Rolle. So haben alle Versuchspersonen die Bananenprobe richtig erkannt. Vermutlich kennen viele Teilnehmer die typische Konsistenz von Bananenbrei noch aus ihrer frühen Kindheit.

4. Versuch 3: Lernen durch Erkennen von Gesetzmäßigkeiten

Versuchsdurchführende: Hendrik Beyer und Kommilitonin

4.1 Einleitung

Im dritten Versuch geht es darum zu zeigen, dass der Mensch auf Fehleinschätzungen reagiert und aus den gewonnenen Erfahrungen lernt. Dazu wurde ein einfacher Versuchsaufbau gewählt, der sich gleichzeitig mathematisch einfach auswerten lässt.

Die Hypothese lautet, dass die Probanden sich während der Schätzübung in ihrer Schätzgenauigkeit verbessern.

Der Versuch wird in Zweiergruppen durchgeführt und mit einer Gruppenübung abge-
schlossen.

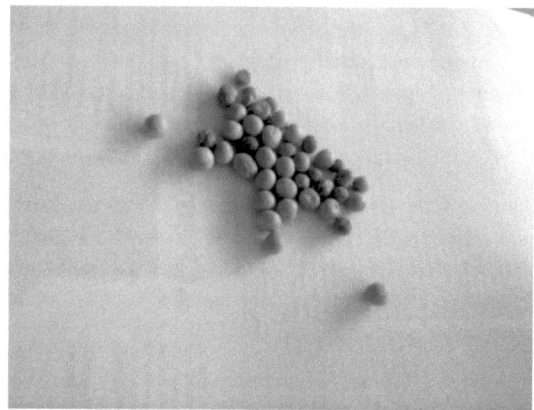

Abbildung 3: Erbsenhaufen zur Schätzung durch Probanden. Aufgenommen am
16.11.09 mit Nokia N85 Digitalkamera von Hendrik Beyer

4.2 Material

- 17 Versuchsteilnehmer im Alter von 20 bis 30 Jahren
- eine Dose mit Erbsen
- Zettel und Stift

4.3 Durchführung

Aus jeder Zweiergruppe griff jeweils eine Person in einen Topf mit Erbsen, holte eine
Handvoll Erbsen heraus und legte diese auf den Tisch. Beide Gruppenmitglieder schätz-
ten die Anzahl der gegriffenen Erbsen und notierten das Ergebnis auf einem Zettel. Da-
nach wurden die Erbsen gemeinsam gezählt. Dieser Versuch wurde 4x wiederholt und
anschließend ausgewertet.

Zum Schluss legte jedes Gruppenmitglied eine Handvoll Erbsen vor sich auf den Tisch und zählte diese. Nun ging jeder Kursteilnehmer an allen Tischen vorbei und nahm an jedem Haufen eine Schätzung vor, die er notierte.

4.4 Ergebnisse

Tabelle 6 zeigt die Ergebnisse der Übung:

Tabelle 6: Zähl- u. Schätzwerte der Versuchsgruppe m. Angabe der Abweichung in %, sowie der durchschnittlichen Abweichung beider Probanden.

	Anzahl Erbsen	Person 1 Anzahl absolut	Person 1 Abweichung %	Person 2 Anzahl absolut	Person 2 Abweichung %	Abweichung Durchschnitt %
1	41	25	39,02	40	2,44	20,73
2	54	45	16,67	40	25,93	21,30
3	97	75	22,68	100	3,09	12,89
4	81	75	7,41	70	13,58	10,50
5	35	25	28,57	30	14,29	21,43
6	127	120	5,51	120	5,51	5,51

Das Ergebnis der Versuchsauswertung zeigt, dass die Probanden ihr Schätzvermögen im Laufe der Versuchsdurchgänge verbessern.

Bei der Schätzung in der Großgruppe wurden keine Ergebnisse aufgezeichnet. Es wurde lediglich abgefragt, wie viele Personen hierbei „Punktlandungen" erzielten, sprich die genaue Zahlt an Erbsen geschätzt hatten. Das war lediglich zwei Mal der Fall.

4.5 Diskussion

Bei genauerer Betrachtung der Ergebnisse in Tabelle 6 zeigt sich, dass in der Tat eine Verbesserung der Schätzergebnisse eingetreten ist. Eine anfängliche Abweichung von 20,73 % konnte auf eine Abweichung von 5,51 % im letzten Durchgang reduziert werden. Schätzung 2 und insbesondere 5 stellen jedoch Ausnahmen dar, da hier die Abweichung wieder deutlich anstieg.

Tabelle 7 visualisiert die Ergebnisse in Form einen Balkendiagramms. Hier wird deutlich, dass offenbar ein Zusammenhang zwischen der Anzahl der Erbsen und der Abweichung des Schätzwertes besteht. Dies ist darauf zurückzuführen, dass die Anzahl der gegriffenen Erbsen im Vergleich zu den übrigen Durchgängen relativ klein ist und damit die prozentuale Abweichung der Fehleinschätzung größer wird.

Tabelle 7: Durchschnittliche Abweichung der Schätzung vom Zählwert der Erbsen je Durchgang

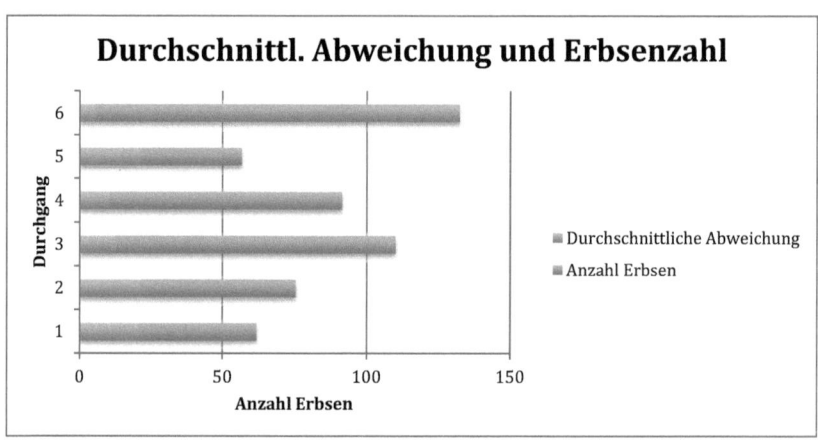

Beim Schätzen lernten die Probanden anhand von Erfahrungen. Eine zuvor getroffene Annahme wird durch anschließende Überprüfung bestätigt, bzw. relativiert. Es wird also aus der Konsequenz gelernt: Eine richtige Schätzung motiviert und führt dazu, dass diese Konsequenz in Zukunft verstärkt gesucht wird. Die Psychologie spricht hier von positiver Verstärkung im Rahmen der Eingangs bereits erwähnten „operanten Konditionierung" (ZIMBARDO & GERRIG, 2004).

Im Rahmen der neueren, kognitiven Ansätze spricht man von einem sog. Zwei-Prozess Modell:

Im Gehirn laufen demnach eine kontrollierte und bewusste Informationsverarbeitung und gleichzeitig eine unkontrollierte, automatische Verarbeitung von Informationen ab. Schnelle Urteile nutzen zumeist die Ergebnisse der automatischen Verarbeitung in Form sog. Urteilsheuristiken. Beim Schätzen von Anzahlen kommt die sog. Ankerungsheuristik zum Tragen. Dabei wirkt eine zuvor gehörten / ermittelte Größenordnung als Anker, an den die Schätzung angenähert wird (ZIMBARDO & GERRIG, 2004).

Wichtig für unseren Versuch ist dann natürlich, dass den Probanden immer auch das Ergebnis der genauen Zählung bekannt gemacht wird. Nur so kann er dieses bei der nächsten Schätzung als Orientierungspunkt nutzen.

In der menschlichen Entwicklung war das Abschätzen von Mengen sicherlich ein wichtiger Überlebensfaktor. So musste etwa die Menge an Nahrung oder auch die Anzahl von Feinden schnell überblickt und richtig eingeschätzt werden, um dann entsprechend handeln zu können.

Abschließend kann festgestellt werden, dass der Prozess der Erfahrungsgewinnung bei versuchen dieser Art außerordentlich schnell verläuft und Ergebnisse unmittelbar sichtbar werden.

Fehlerquelle können zu gering gewählte Mengen sein, die dann im Ergebnis zu einer hohen prozentualen Abweichung führen können. Gleiches gilt für die Abfrage von genauen Treffern, da diese relativ selten gelingen. Hier wäre ein Toleranzbereich zur Bewertung der Genauigkeit sinnvoller (z.B. Plus/Minus 5 Erbsen).

5. Schulbezug

Alle drei durchgeführten Versuche sind leicht anwendbar und relativ fehlertolerant, so dass die gewünschten Ergebnisse i.d.R. von den Schülern auch gefunden werden sollten. Alle Versuche lassen so ein Erfolgserlebnis erwarten und sind daher prinzipiell als motivierend einzustufen.

Trotzdem müssen einige Dinge beachtet werden:

So lädt der erste Versuch geradezu zum „Schummeln" ein. Gerade bei jüngeren Kindern sollten die Lernbögen nach der Lernphase wieder eingesammelt werden. Ansonsten ist nicht auszuschließen, dass die Schüler bei abschließender Abfrage der Begriffe diese einfach nachgucken. Außerdem besteht die Gefahr, dass die Schüler sich die Begriffe gegenseitig vorsagen und so das Ergebnis verändern.

Der zweite Versuch erfordert den Umgang mit Lebensmitteln. Dabei ist eine entsprechende Vorbereitungszeit einzuplanen und natürlich ein hygienisch einwandfreier Umgang mit diesen unbedingt angezeigt. Es sollte zudem vorher abgeklärt werden, ob einer der Schüler eventuell an einer Nahrungsmittelallergie leidet.

Beim „Erbsenzählen" ist auch an die Unfallgefahr zu denken, die möglicherweise von verschütteten Erbsen ausgehen kann.

Der Versuch zur Sinneswahrnehmung eignet sich bereits hervorragend für den Einsatz in der Grundschule und reiht sich in den Themenkomplex „Natur" des Sachkundeunterrichts ein. So sollen die Schüler am Ende des 2. Schuljahres „ Sinne und ihre Leistungen wahrnehmen, kennen und erproben" (vgl. Nds. Kerncuriculum für die Grunschule, 2004). In höheren Stufen kann dann entsprechend der evolutionäre Aspekt deutlicher hervorgehoben werden, der in der Realschule in Niedersachsen in 9. u. 10. Klasse als Themenfeld vorgesehen ist. Insbesondere kann durch Versuche dieser Art auch der Kompetenzbereich der Erkenntnisgewinnung angesprochen werden.

Schülerinnen und Schüler sollen hierbei u.a.

- formulieren Fragen und Hypothesen zu biologischen Sachverhalten.

- führen Untersuchungen nach Anleitung mit geeigneten quantifizierenden und qualifizierenden Verfahren durch.

- werten Experimente hypothesenbezogen aus.

- führen ein Versuchsprotokoll.

(vgl. Nds. Kerncurriculum für die Realschule, 2007)

Dieses Ziel kann mit allen hier vorgestellten Versuchen erzielt werden.

Der letzte Versuch eignet sich wunderbar zur Abwandlung und kann in diversen Kontexten angewendet werden. So können Schüler schätzen, wie viele Stifte in einem Etui liegen, oder wie viele Bonbons sich in einem Glas befinden. Auch die Natur bietet vielfältige Anlässe, sein Schätzvermögen weiter zu trainieren. So kann z.B. die Zahl der Samen in einer Sonnenblume geschätzt werden, oder die Zahl der Schafe einer Herde.

An Versuch eins kann das Thema Lernen aufgegriffen und am praktischen Beispiel beleuchtet werden. Es gibt diverse Lerntheorien und Lernmethoden, die um die Gunst der Lehrenden und Lerner buhlen. Gerade in einer Institution wie der Schule sollten diese kritisch auf ihren Wert hin untersucht und diskutiert werden. Die Schüller sind während ihrer Schulzeit und darüber hinaus diversen Lernsituationen ausgesetzt, welche individuelle Lernstrategien erfordern. Daher ist es sinnvoll, sich schon frühzeitig mit dieser Thematik auseinander zu setzen.

Der Erinnerungsversuch bietet einen guten Einstieg hierzu.

6. Literaturverzeichnis

Buselmaier, W.: Abiturwissen Biologie. Weltbildverlag GmbH, Augsburg 1995. Neuausgabe 2000

Campbell N. A. / Reece J. B. (2003): Biologie. Spektrum Akademischer Verlag, Heidelberg, Berlin.

Phillip G. Zimbardo / Richard J. Gerrig (2004); Psychologie. Pearson Studium, München

Eibl-Eibesfeldt, I.: Die Biologie des menschlichen Verhaltens. Piper GmbH & Co. KG, München 1984

Internetquellen:

Niedersächsisches Kultusministerium (2004): Kerncurriculum Grundschule. URL:

http://www.nibis.de, 1.12.09

Niedersächsisches Kultusministerium (2006): Kerncurriculum für die Realschule. URL: http://www.nibis.de, 1.12.09

Zentrale für Unterrichtsmedien im Internet e.V. (2009): Abbildung der Geschmacksrezeptoren auf der Zunge. URL: http://www.zum.de/Faecher/Materialien/beck/chemkurs/bilder/zunge.jpg, 2.12.09.

Mackowiak, Katja & Trudewind, Clemens (o.J.). Die Bedeutung von Neugier und Angst für die kognitive Entwicklung. In Wassilios E. Fthenakis & Martin R. Textor (Hrsg.), Online-Familienhandbuch. URL: http://www.familienhandbuch.de/cms/Kindliche_Entwicklung-Neugier_und_Angst.pdf, 1.12.09

Jasmin Schreiter (2008): Von Super- und Bitterschmeckern. In SPEKTRUM DER WISSENSCHAFT. Spektrum Direkt. URL: http://www.spektrumdirekt.de/artikel/938948, 2.12.09